目　　次

前　言

本标准按照 GB/T 1.1—2020《标准化工作导则　第 1 部分：标准化文件的结构和起草规则》的规定起草。

本标准附录 A、B 为规范性附录，附录 C 为资料性附录。

本标准由中国地质灾害防治与生态修复协会提出并归口。

本标准起草单位：中国地质调查局地质环境监测院。

本标准主要起草人：张进德、白光宇、李善峰、张德强、孙伟、程国明、张志鹏、田磊、余洋、王议、何培雍、马冬梅、张洪波、刘文国、刘国伟、杨利亚、郗富瑞、王娜、王志一。

本标准由中国地质灾害防治与生态修复协会负责解释。

引　言

为贯彻落实国土资源部、工业和信息化部、财政部、环境保护部、国家能源局于2016年印发的《关于加强矿山地质环境恢复和综合治理的指导意见》，指导开展全国矿山地质环境监测工作，根据《矿山地质环境保护规定》《地质环境监测管理办法》《矿山地质环境保护与恢复治理方案编制规范》和《矿山地质环境保护与土地复垦方案编制指南》，特制定本标准。

矿山地质环境监测技术要求(试行)

1 范围

本标准规定了矿山地质环境的监测对象与监测内容,监测点布设与监测频率,监测方法,监测数据采集、存储与汇交,监测数据分析与成果表达等技术要求。

本标准适用于在建或生产的煤炭、煤层气、石油(天然气)、页岩气、金属、非金属、稀土等矿山地质环境监测工作,其他类型矿山可参照本标准执行。

2 规范性引用文件

下列文件中的内容通过文中的规范性引用构成本标准必不可少的条款。其中,注日期的引用文件,仅该日期对应的版本适用于本标准;不注日期的引用文件,其最新版本(包括所有的修改单)适用于本标准。

GB 3838—2002 地表水环境质量标准

GB 15618—2008 土壤环境质量标准

GB 51108—2015 尾矿库在线安全监测系统工程技术规范

GB/T 14848—2017 地下水质量标准

GB/T 21010—2007 土地利用现状分类

DZ/T 0133—1994 地下水动态监测规范

DZ/T 0151—2015 区域地质调查中遥感技术规定(1∶50 000)

DZ/T 0190—2015 区域环境地质勘查遥感技术规程(1∶50 000)

DZ/T 0221—2006 崩塌、滑坡、泥石流监测规范

DZ/T 0223—2011 矿山地质环境保护与恢复治理方案编制规范

DZ/T 0282—2015 水文地质调查规范(1∶50 000)

DZ/T 0287—2015 矿山地质环境监测技术规程

DZ/T 0288—2015 区域地下水污染调查评价规范

DZ/T 0307—2017 地下水监测网运行维护规范

DT/T 1031—2011 土地复垦方案编制规程

HJ/T 91—2002 地表水和污水监测技术规范

HJ/T 166—2004 土壤环境监测技术规范

3 术语和定义

下列术语和定义适用于本标准。

3.1

矿山地质环境　mining geo-environment

采矿活动所影响到的岩石圈、水圈、生物圈范围内的客观地质体。

3.2

矿山地质环境问题　mining geo-environment problems

受采矿活动影响而产生的地质环境破坏的现象，主要包括矿山地质灾害、地形地貌破坏、土地资源毁损、含水层破坏、水土环境污染等。

3.3

矿山地质环境监测　mining geo-environment monitoring

针对矿山主要地质环境问题(3.2)及相关地质环境要素，在时间上或空间上按照预定的方案和具有可比性的方法进行重复观察和记录分析的过程。

3.4

矿山地质灾害　mining geological hazards

采矿活动引发的或可能引发的危害人民生命和财产安全的崩塌、滑坡、泥石流、地面塌陷、地裂缝等地质灾害。

3.5

采空塌陷　mining subsidence

采矿致使地下大范围被采空后，上覆岩土层失去支撑，在自重作用下发生变形，并在地表形成沉陷的现象。

3.6

岩溶塌陷　karst subsidence

隐伏岩溶洞隙的岩土体盖层受采矿活动影响，向下陷落的一种岩溶动力地质作用与现象，是岩溶充水矿床中普遍存在的地质环境问题。

3.7

含水层破坏　aquifer breakage

受采矿活动影响，含水层出现结构改变、地下水水位变化、水质恶化等现象。

3.8

地形地貌破坏　landform devastation

人类活动改变了原有的地形条件与地貌特征，造成山体破损、岩石裸露、植被破坏、风景线破坏、人文景观受损等。

3.9

土地资源毁损　land-resource damage

采矿活动造成土地原有功能部分或完全丧失的过程，包括土地挖损、塌陷、压占和污染等毁损类型。

3.10

水土环境污染　soil- and water-environment pollution

采矿活动产生的污染物使环境中地表水体、地下水体、土壤原有理化性状改变和恶化，进而部分或全部丧失原有功能的现象。

4 总则

4.1 总体目标

服务于矿山企业的地质环境监测工作，以矿产资源开发引发的矿山地质环境问题为导向，全面掌握和监控矿山地质环境动态变化情况，预测矿山地质环境发展趋势，为合理开发矿产资源，保护矿山地质环境，开展矿山环境综合整治、矿山生态修复，实施矿山地质环境监督管理提供基础资料和依据。

4.2 主要任务

4.2.1 明确采矿活动引发的矿山地质环境问题。

4.2.2 制定矿山地质环境监测方案。

4.2.3 开展矿山地质环境监测网点建设。

4.2.4 保障监测网点的运行、数据采集，同时进行质量控制。

4.2.5 监测数据汇交与数据库建设。

4.2.6 监测数据分析处理，定期编制监测报告。

4.3 基本要求

4.3.1 根据矿产类型、矿山开采方式、矿区地质环境条件和地质采矿条件等，对矿山地质环境问题进行监测，各有侧重，突出重点。

4.3.2 监测工作贯穿于矿产资源开发的“事前、事中、事后”全过程。

4.3.3 监测的范围、对象与内容、监测网点布设等应参照《矿山地质环境保护与土地复垦方案》中的调查评估范围、结论和监测工程设计确定。

4.3.4 传统监测方法与高新技术方法相结合，日常监测与应急监测相结合。

4.3.5 监测数据采集、记录、存储、管理的标准化与规范化。

4.4 工作程序

4.4.1 资料收集：充分收集矿区自然地理条件、地质环境条件、地质采矿条件、矿产资源勘查开发情况、矿山基本情况、矿山地质环境保护与恢复治理等方面的资料。

4.4.2 补充调查：根据资料收集情况，必要时补充相应的调查工作，全面摸清矿山基本情况及矿山地质环境问题。

4.4.3 明确监测思路、监测内容、监测重点、网点布设、监测方法等，编写详细监测方案，并与已批复的《矿山地质环境保护与土地复垦方案》中的监测工程相衔接，编写提纲见附录A。

4.4.4 建立矿山档案：根据收集的资料和补充调查的数据，建立完备的矿山基本情况档案，档案内容和格式见附录B中的表B.1。

4.4.5 开展矿山地质环境监测网点建设，运行和维护监测设施。

4.4.6 矿山地质环境监测数据的采集、录入和存储。

4.4.7 汇总、分析、整理矿山地质环境监测数据，编制矿山地质环境监测报告。

5 监测对象、内容与分类

5.1 监测对象

矿山地质环境问题主要包括矿山地质灾害、矿区地形地貌破坏与土地资源毁损、矿区含水层破坏、矿区水土环境污染等。

5.1.1 崩塌、滑坡、泥石流地质灾害监测主要是对矿区及周边影响范围内潜在的崩塌、滑坡、泥石流隐患进行监测。

5.1.2 地面塌陷监测主要是对采空塌陷区或岩溶塌陷区进行监测。

5.1.3 矿区地裂缝监测主要是对地裂缝及其影响的区域进行监测。

5.1.4 矿区地形地貌破坏与土地资源毁损监测主要是定性监测采矿活动对地形地貌的破坏模式，定量监测采矿活动对土地资源的毁损面积。

5.1.5 矿区含水层破坏监测主要是对受矿坑抽排水和采矿活动影响的含水层结构、水位、水质进行监测。

5.1.6 矿区水土环境污染监测主要是对受采矿活动影响的地表水和土壤的污染物进行定期监测。

5.2 监测内容

5.2.1 崩塌、滑坡、泥石流地质灾害监测内容主要包括地质灾害规模、类型、移动变形量、威胁对象、险情等级、防治建议等，详见附录 B 中的表 B.2～表 B.4。

5.2.2 地面塌陷地质灾害监测内容主要包括地面塌陷类型、规模、变形阶段、积水情况、垂直(水平)位移量、塌陷区面积、塌陷区土地类型、威胁对象、灾情等级、防治建议等，详见附录 B 中的表 B.5。

5.2.3 矿区地裂缝地质灾害监测内容主要包括地裂缝长度、宽度、深度、规模、影响区面积、威胁对象、灾情等级、防治建议、投入治理资金等，详见附录 B 中的表 B.6。

5.2.4 矿区地形地貌破坏与土地资源毁损监测内容主要包括毁损土地类型、土地资源毁损面积、地形地貌破坏模式等，详见附录 B 中的表 B.7。

5.2.5 矿区含水层破坏监测内容主要包括含水层类型、厚度、顶板和底板埋深、地下水水位、水质类型、富水性、矿坑排水量、破坏方式等，详见附录 B 中的表 B.8。

5.2.6 矿区水土环境污染监测中，地表水污染监测内容主要包括地表水体种类、受影响面积、水质类型、污染物类型、污染物含量等，详见附录 B 中的表 B.9；土壤污染监测内容主要包括土壤质地、污染区面积、污染物类型、污染物含量等，详见附录 B 中的表 B.10。不同类型矿山水土环境特征污染物检测项目参见附录 C。

5.3 监测分类

5.3.1 煤炭矿山

5.3.1.1 井工开采煤炭矿山重点监测矿区地面塌陷、含水层破坏、地形地貌破坏与土地资源毁损等问题，若还存在其他矿山地质环境问题也应进行相应监测。

5.3.1.2 露天开采煤炭矿山重点监测崩塌、滑坡、泥石流地质灾害，地形地貌破坏与土地资源毁损，含水层破坏等问题，若还存在其他矿山地质环境问题也应进行相应监测。

5.3.2 煤层气矿山

重点监测含水层破坏和土地资源毁损等问题，若还存在其他矿山地质环境问题也应进行相应监测。

5.3.3 石油(天然气)矿山

重点监测土地资源毁损、含水层破坏和水土环境污染等问题，若还存在其他矿山地质环境问题也应进行相应监测。

5.3.4 页岩气矿山

重点监测含水层破坏，土地资源毁损和崩塌、滑坡、泥石流地质灾害等问题，若还存在其他矿山地质问题也应进行相应监测。

5.3.5 金属矿山

5.3.5.1 井工开采金属矿山重点监测矿区水土环境污染、地面塌陷、含水层破坏和土地资源毁损等问题，若还存在其他矿山地质环境问题也应进行相应监测。

5.3.5.2 露天开采金属矿山重点监测崩塌、滑坡、泥石流地质灾害，地形地貌破坏与土地资源毁损，水土环境污染和含水层破坏等问题。

5.3.6 非金属矿山

5.3.6.1 井工开采非金属矿山重点监测矿区地面塌陷、含水层破坏、土地资源毁损和水土环境污染等问题，若还存在其他矿山地质环境问题也应进行相应监测。

5.3.6.2 露天开采非金属矿山重点监测崩塌、滑坡、泥石流地质灾害，地形地貌破坏与土地资源毁损，水土环境污染等问题，若还存在其他矿山地质环境问题也应进行相应监测。

5.3.7 稀土矿山

5.3.7.1 原地浸析开采的离子型稀土矿山重点监测水土环境污染，含水层破坏，崩塌、滑坡、泥石流地质灾害，地形地貌破坏与土地资源毁损等问题，若还存在其他矿山地质环境问题也应进行相应监测。

5.3.7.2 露天开采稀土矿山重点监测崩塌、滑坡、泥石流地质灾害，地形地貌破坏与土地资源毁损，水土环境污染等问题，若还存在其他矿山地质环境问题也应进行相应监测。

6 监测点布设与监测频率

6.1 煤炭矿山

6.1.1 井工开采煤炭矿山

6.1.1.1 地面塌陷监测：重点对塌陷区进行监测，以每个独立塌陷区为单元设置监测点，一般沿平行和垂直于移动盆地主断面方向布置测线。监测点数量取决于地面塌陷规模，中型及以上规模塌陷区的监测点不少于10个(不包括基准点)，小型规模塌陷区的监测点不少于5个(不包括基准点)。监测频率在初始变形阶段一般每2个月1次，活跃变形阶段一般每月1次，衰退变形阶段一般每3

个月 1 次，可根据实际需要提高监测频率。

6.1.1.2 含水层破坏监测：每个主要充水含水层和潜水层至少设置 3 个地下水水位水质监测点，形成监测剖面，水位监测频率不少于 15 天 1 次，水质监测频率按丰水期、枯水期每年不少于 2 次；每个具有供水意义的充水含水层和潜水层至少设置 5 个水位水质监测点，水位监测频率不少于 10 天 1 次，水质监测频率按丰水期、枯水期每年不少于 2 次；其他受影响含水层至少设置 1 个水位水质监测点，水位和水质监测频率按季度每年不少于 4 次。

6.1.1.3 地形地貌破坏与土地资源毁损监测：地形地貌破坏的监测通过定性记录破坏模式实现；土地资源毁损的监测通过直接量测或遥感解译实现，不设置固定监测点，一般每年年末更新 1 次数据。

6.1.2 露天开采煤炭矿山

6.1.2.1 崩塌、滑坡、泥石流地质灾害监测：具体要求参照《崩塌、滑坡、泥石流监测规范》(DZ/T 0221—2006)执行。

6.1.2.2 地形地貌破坏与土地资源毁损监测：地形地貌破坏的监测通过定性记录破坏模式实现；土地资源毁损的监测通过直接量测或遥感解译获取，不设置固定监测点，一般每年年末更新 1 次数据。

6.1.2.3 含水层破坏监测：重点监测露天矿坑的主要充水含水层，每个含水层至少设置 3 个地下水水位水质监测点，水位监测频率一般每月 1 次，水质监测频率按季度每年不少于 4 次。

6.2 煤层气矿山

6.2.1 含水层破坏监测：主要对煤层气开采所影响到的含水层进行监测，重点监测水质指标。每个含水层至少设置 3 个地下水水位水质监测点，监测频率一般按丰水期、枯水期每年不少于 2 次，可根据实际需要提高监测频率。

6.2.2 土地资源毁损监测：不设置固定监测点，土地资源毁损面积通过直接量测或遥感解译获取，监测频率一般每年 1 次，可根据实际需要提高监测频率。

6.3 石油(天然气)矿山

6.3.1 土地资源毁损监测：不设置固定监测点，土地资源毁损面积通过直接量测或遥感解译获取，一般每年年末更新 1 次数据。

6.3.2 含水层破坏监测：主要对石油(天然气)开采所影响到的含水层进行监测，重点监测水质指标。浅层含水层至少设置 3 个地下水水位水质监测点，监测频率按丰水期、枯水期每年不少于 2 次；深层含水层至少设置 1 个地下水水位水质监测点，监测频率按丰水期、枯水期每年不少于 2 次，可根据实际需要提高监测频率。

6.3.3 水土环境污染监测：主要对石油开采可能产生的水土污染进行监测。矿区内每个地表水体单元视面积大小设置 1 个～3 个水质监测点，监测频率每年不少于 2 次；矿区内的排污口至少设置 1 个水质监测点，监测频率按丰水期、枯水期每年不少于 2 次；矿区已遭受污染的地块和存在污染风险的地块，按污染途径每类地块至少设置 3 个土壤监测点，每个监测点垂向上至少设置 3 个取样点，取样深度依据现场情况确定，监测频率每年不少于 1 次。

6.4 页岩气矿山

6.4.1 含水层破坏监测：主要对页岩气开采所影响到的含水层进行监测，重点监测水质指标，每个含水层至少设置 3 个地下水水位水质监测点，监测频率一般按丰水期、枯水期每年不少于 2 次，可根据实际需要提高监测频率。

6.4.2　土地资源毁损监测：不设置固定监测点，土地资源毁损面积通过直接量测或遥感解译获取，一般每年年末更新1次数据。

6.4.3　崩塌、滑坡、泥石流地质灾害监测：具体要求参照《崩塌、滑坡、泥石流监测规范》(DZ/T 0221—2006)执行。

6.5　金属矿山

6.5.1　井工开采金属矿山

6.5.1.1　水土环境污染监测：矿区内每个地表水体单元视面积大小设置1个～3个水质监测点，监测频率按丰水期、枯水期每年不少于2次；矿区内的排污口至少设置1个水质监测点，监测频率每月不少于1次；矿区已遭受污染的地块和存在污染风险的地块，按污染途径每类地块至少设置3个土壤监测点，每个监测点垂向上至少设置3个取样点，取样深度依据现场情况确定，监测频率每年不少于1次。

6.5.1.2　地面塌陷监测：重点对塌陷区的面积和地表移动变形量进行监测。突发性塌陷坑的面积和深度通过直接量测或遥感解译获取。

6.5.1.3　含水层破坏监测：每个主要充水含水层和潜水层至少设置3个地下水水位水质监测点，形成监测剖面，水位监测频率至少15天1次，水质监测频率按丰水期、枯水期每年不少于2次；每个具有供水意义的充水含水层和潜水层至少设置5个水位水质监测点，水位监测频率不少于10天1次，水质监测频率按丰水期、枯水期每年不少于2次；其他受影响含水层至少设置1个水位水质监测点，水位和水质监测频率按丰水期、枯水期每年不少于2次。

6.5.1.4　土地资源毁损监测：不设置固定监测点，土地资源毁损面积通过直接量测或遥感解译获取，一般每年年末更新1次数据。

6.5.2　露天开采金属矿山

6.5.2.1　崩塌、滑坡、泥石流地质灾害监测：具体要求参照《崩塌、滑坡、泥石流监测规范》(DZ/T 0221—2006)执行。

6.5.2.2　地形地貌破坏与土地资源毁损监测：地形地貌破坏的监测通过定性记录破坏模式实现；土地资源毁损的监测通过直接量测或遥感解译实现，不设置固定监测点，一般每年年末更新1次数据。

6.5.2.3　水土环境污染监测：矿区内每个地表水体单元视面积大小设置1个～3个水质监测点，监测频率按丰水期、枯水期每年不少于2次；矿区内的排污口至少设置1个水质监测点，监测频率每月不少于1次；矿区已遭受污染的地块和存在污染风险的地块，按污染途径每类地块至少设置3个土壤监测点，每个监测点垂向上至少设置3个取样点，取样深度依据现场情况确定，监测频率每年不少于1次。

6.5.2.4　含水层破坏监测：主要监测受露天矿坑开挖影响的含水层，每个含水层至少设置3个地下水水位水质监测点，水位和水质监测频率一般按季度每年不少于4次，可根据实际需要提高监测频率。

6.6　非金属矿山

6.6.1　井工开采非金属矿山

6.6.1.1　地面塌陷监测：重点对塌陷区的面积和地表移动变形量进行监测。突发性塌陷坑的面积和深度通过直接量测或遥感解译获取；缓变型沉陷盆地的地表移动变形量根据变形阶段和沉陷盆地形态按网状布设监测点，一般不少于5个，监测频率在初始变形阶段一般每2个月1次，活跃变形阶段一般每月1次，衰退变形阶段一般每3个月1次，可根据实际需要提高监测频率。

6.6.1.2 含水层破坏监测：每个主要充水含水层和潜水层至少设置3个地下水水位水质监测点，形成监测剖面，水位监测频率至少15天1次，水质监测频率按丰水期、枯水期每年不少于2次；每个具有供水意义的充水含水层和潜水层至少设置5个水位水质监测点，水位监测频率不少于10天1次，水质监测频率按丰水期、枯水期每年不少于2次；其他受影响含水层至少设置1个水位水质监测点，水位和水质监测频率按季度每年不少于4次。

6.6.1.3 土地资源毁损监测：不设置固定监测点，土地资源毁损面积通过直接量测或遥感解译获取，一般每年年末更新1次数据。

6.6.1.4 水土环境污染监测：矿区内每个地表水体单元视面积大小设置1个～3个水质监测点，监测频率按丰水期、枯水期每年不少于2次；矿区内的排污口至少设置1个水质监测点，监测频率每月不少于1次；矿区已遭受污染的地块和存在污染风险的地块，按污染途径每类地块至少设置3个土壤监测点，每个监测点垂向上至少设置3个取样点，取样深度依据现场情况确定，监测频率每年不少于1次。

6.6.2 露天开采非金属矿山

6.6.2.1 崩塌、滑坡、泥石流地质灾害监测：具体要求参照《崩塌、滑坡、泥石流监测规范》(DZ/T 0221—2006)执行。

6.6.2.2 地形地貌破坏与土地资源毁损监测：地形地貌破坏的监测通过定性记录破坏模式实现；土地资源毁损监测通过直接量测或遥感解译实现，不设置固定监测点，一般每年年末更新1次数据。

6.6.2.3 水土环境污染监测：矿区内每个地表水体单元视面积大小设置1个～3个水质监测点，监测频率按丰水期、枯水期每年不少于2次；矿区内的排污口至少设置1个水质监测点，监测频率每月不少于1次；矿区已遭受污染的地块和存在污染风险的地块，按污染途径每类地块至少设置3个土壤监测点，每个监测点垂向上至少设置3个取样点，取样深度依据现场情况确定，监测频率每年不少于1次。

6.7 稀土矿山

6.7.1 原地浸析开采的离子型稀土矿山

6.7.1.1 水土环境污染监测：矿区内每个地表水体单元视面积大小设置1个～3个水质监测点，监测频率按丰水期、枯水期每年不少于2次；矿区已遭受污染地块和存在污染风险的地块，按污染途径每类地块至少设置3个土壤监测点，每个监测点垂向上至少设置3个取样点，取样深度依据现场情况确定，监测频率每年不少于1次。

6.7.1.2 含水层破坏监测：主要对受采矿影响的含水层进行监测，重点监测水质，至少设置3个水质监测点，监测频率按丰水期、枯水期每年不少于2次。

6.7.1.3 崩塌、滑坡、泥石流地质灾害监测：具体要求参照《崩塌、滑坡、泥石流监测规范》(DZ/T 0221—2006)执行。

6.7.1.4 地形地貌破坏与土地资源毁损监测：地形地貌破坏的监测通过定性记录破坏模式实现；土地资源毁损监测通过直接量测或遥感解译实现，不设置固定监测点，一般每年年末更新1次数据。

6.7.2 露天开采稀土矿山

6.7.2.1 崩塌、滑坡、泥石流地质灾害监测：具体要求参照《崩塌、滑坡、泥石流监测规范》（DZ/T 0221—2006）执行。

6.7.2.2 地形地貌破坏与土地资源毁损监测：地形地貌破坏的监测通过定性记录破坏模式实现；土地资源毁损监测通过直接量测或遥感解译实现，不设置固定监测点，一般每年年末更新1次数据。

6.7.2.3 水土环境污染监测：矿区内每个地表水体单元视面积大小设置1个～3个水质监测点，监测频率按丰水期、枯水期每年不少于2次；矿区内的排污口至少设置1个水质监测点，监测频率每月不少于1次；矿区已遭受污染的地块和存在污染风险的地块，按污染途径每类地块至少设置3个土壤监测点，每个监测点垂向上至少设置3个取样点，取样深度依据现场情况确定，监测频率每年不少于1次。

7 监测方法

7.1 地形地貌破坏监测方法

采用定性的方法现场观测地形地貌破坏的模式，定期拍摄照片、视频或进行遥感影像解译，直观反映破坏状况。

7.2 土地资源毁损监测方法

采用定量的方法进行监测，通过现场测绘、无人机测绘或者采用高分辨率遥感影像解译获取土地资源毁损面积值和已修复土地面积值。

7.3 地下水水位监测方法

地下水水位监测方法主要包括人工监测和自动监测。监测方法的选择参见《地下水监测网运行维护规范》（DZ/T 0307—2017）和《地下水动态监测规范》（DZ/T 0133—1994）。推荐使用浮筒式水位计、压力传感式水位仪、超声波水位仪等水位监测仪器进行全自动实时监测。

7.4 地下水水质监测方法

地下水水质监测方法主要包括人工监测和自动监测。水质的物理指标一般采用人工观测方法；水的浊度、化学成分、矿化度、总硬度、pH值等指标通过专用分析仪器进行检测。地下水监测指标和监测方法的选择参见《地下水质量标准》（GB/T 14848—2017）、《地下水动态监测规范》（DZ/T 0133—1994）和《区域地下水污染调查评价规范》（DZ/T 0288—2015）。

7.5 地面塌陷监测方法

地面塌陷的范围监测一般采用现场测绘、合成孔径雷达干涉测量（InSAR）或者采用高分辨率遥感影像解译方法。塌陷区的地表移动变形监测一般采用水准仪、全站仪、GPS、位移计等仪器设备进行现场定点监测，也可采用合成孔径雷达干涉测量（InSAR）进行区域监测。当监测数据变化量较大或变化速率加快时，应加强监测，提高监测频率，并及时向相关部门报告。

7.6 崩塌、滑坡、泥石流地质灾害监测方法

不同地质灾害类型的监测方法参见《崩塌、滑坡、泥石流监测规范》（DZ/T 0221—2006）。当出

现下列情况之一时，应加强监测，提高监测频率，并及时向相关部门报告。

a） 监测数据达到报警值。

b） 监测数据变化量较大或变化速率加快。

c） 当有危险事故征兆时，应实时跟踪监测。

7.7 地裂缝监测方法

裂缝宽度监测可采用千分尺或游标卡尺等直接量测的方法，也可采用裂缝计、千分表、摄影量测等方法；在裂缝深度的量测中，当裂缝深度较小时，宜采用凿出法和单面接触超声波法监测，当深度较大时宜采用超声波法监测。当监测数据变化量较大或变化速率加快时，应加强监测，提高监测频率，并及时向相关部门报告。

7.8 地表水水质监测方法

地表水水质的监测方法主要包括人工监测和自动监测。地表水水质的物理指标一般采用人工观测方法，水的浊度、化学成分、矿化度、总硬度、pH 值等指标通过专用分析仪器进行现场和实验室检测，重点污染区需实时监测。地表水监测指标和监测方法的选择参见《地表水环境质量标准》（GB 3838—2002）和《地表水和污水监测技术规范》（HJ/T 91—2002）。

7.9 土壤污染监测方法

采用固定点定期采样和区域混合采样方式获取土壤样品，通过专用分析仪器进行检测。监测方法的选择参见《土壤环境质量标准》（GB 15618—2008）和《土壤环境监测技术规范》（HJ/T 166—2004）。

8 监测数据采集、存储与汇交

8.1 按本标准开展初次监测须完整填写矿山基本情况表，在后续监测中如果矿山基本情况发生变化应及时进行更新。

8.2 在建立矿山基本情况表过程中，须准确识别本矿山存在的主要地质环境问题，根据不同问题所对应的指标项合理采集相关数据。

8.3 矿山企业或矿山企业委托监测单位可参照附录 B 的各类监测表制作纸质监测表格，通过现场手工填表方式采集数据，鼓励采用移动设备开发定制矿山地质环境监测数据采集仪进行数据采集。

8.4 监测数据须经过矿山企业或矿山企业委托监测单位的相关技术负责人审核，审核通过后按照统一信息系统平台录入或导入临时数据库存储。

8.5 矿山企业应在规定的时间内完成数据采集、审核与复核工作，定期提交监测数据。

9 监测数据分析与成果表达

9.1 矿山企业的监测数据分析：以矿山为单元，重点分析矿山地质环境问题现状及与以往状态的对比和演化情况，预测本矿区地质环境发展变化趋势。编制矿山地质环境监测年度报告，内容包括矿山基本概况、主要地质环境问题及其发展变化趋势、已采取的保护与治理措施及治理成效、对策建议等。

9.2　县、市级监测数据分析：以县、市为单元进行各类数据统计，分析评估辖区内矿产资源开发引发的矿山地质环境问题及其发展变化趋势，提出对策建议。编制县、市矿山地质环境监测年度报告，内容包括辖区地质环境背景、主要地质环境问题及其发展变化趋势、矿山地质环境影响评估、保护与治理成效分析、对策建议等。

9.3　省级监测数据分析：以省（自治区、直辖市）为单元汇总各县、市综合统计数据，分析各类矿山地质环境问题特征、突出的问题和热点问题，以及省辖区内的矿山地质环境状况和发展变化趋势，提出对策建议。编制省级矿山地质环境监测年度报告，内容包括辖区地质环境背景、主要地质环境问题及其发展变化趋势、矿山地质环境影响评估、保护与治理成效分析、对策建议等。

9.4　全国矿山地质环境监测数据分析：以全国行政区域为单元，统计汇总各省（自治区、直辖市）的监测数据，分析全国矿山地质环境总体状况和发展变化趋势，详细剖析并重点关注矿产采集区的地质环境状况，提出对策建议。编制全国矿山地质环境监测年度报告，内容包括主要地质环境问题及其发展变化趋势、全国矿山地质环境影响评估、保护与治理成效分析、对策建议等。

附　录　A
(规范性附录)
矿山地质环境监测方案编写提纲

第一章　矿山基本概况

主要包括矿山企业情况、矿山开采历史及现状、矿山开发利用方案实施情况等内容。

第二章　矿区地质环境背景

主要包括自然地理、地形地貌、地层岩性、地质构造、水文地质、工程地质、矿体地质特征等内容。

第三章　矿山地质环境问题

主要包括矿山地质环境问题类型、规模、分布、危害，以及矿山地质环境问题预测分析等。

第四章　监测工作目标、任务与总体思路

主要包括矿山地质环境监测的目标、主要任务和总体工作思路等内容。

第五章　监测内容、指标和监测方法

主要包括要监测的矿山地质环境问题，监测项目与监测指标，不同项目的监测方法与所需仪器设备等内容。

第六章　监测网点布设

主要包括监测点布设原则与方法、主要工程量、进度安排等内容，并附监测网点分布图。

第七章　监测数据采集

主要包括监测频率、监测质量控制、数据采集方法、数据汇交等内容。

第八章　监测数据分析与成果表达

主要包括分析矿山地质环境总体状况和发展变化趋势，评估矿山地质环境影响，分析保护与治理成效，提出对策建议等内容。

第九章　经费预算

主要包括经费预算依据、经费构成与计算方法、经费来源与筹措方式等。

第十章　保障措施

主要包括技术力量保障、装备保障、经费保障等。

附　录　B
（规范性附录）
矿山地质环境监测表

表 B.1　矿山基本情况表

数据项	数据项含义
矿山编号	由两位省代码＋两位市代码＋两位县代码＋两位矿类代码＋四位顺序号组成
矿山名称	在建和生产矿山，矿山名称与采矿许可证一致；闭坑矿山应与原采矿许可证名称一致；废弃无主矿山根据地名和开采过的矿种自行命名
通讯地址	按照省（自治区、直辖市）、市（区）、县（市、区）、镇（乡）、村（组）格式填写详细地址
生产现状	按在建、生产、闭坑矿山填写，废弃无主矿山按闭坑类填写
采矿许可证号	在建和生产矿山与采矿许可证一致，闭坑、废弃无主矿山为空
矿山规模	按照大型、中型、小型填写
经济类型	按国有企业、私营企业、其他填写
生产能力	指核定的矿山实际生产能力，单位：万 t/a
矿山中心点坐标	矿山所在地经纬度坐标，用十进制度表示；地下开采以井口坐标为准，露天开采以矿区中心点为准
矿区拐点坐标	按采矿许可证的拐点坐标填写
矿山面积	按照采矿许可证的矿山面积填写，如无采矿许可证按矿区范围在地形图上投影的面积填写，单位：hm^2
采空区拐点坐标	指经纬度坐标，用十进制度表示，不少于 4 对坐标
采空区面积	地下形成的采空区在平面上的投影面积，单位：hm^2
矿类	按能源、黑色金属、有色金属、铂族金属、贵金属、特种金属、冶金辅助原料非金属、稀有稀土及分散元素、化工原料非金属、建材及其他非金属、水气矿产填写
矿种	按矿产资源分类标准填写
采矿方式	按井工开采、露天开采、复合开采和其他方式填写
建矿时间	指矿山开始建设的时间，用年表示
服务年限	指矿山从生产到闭坑的时间，用年表示
已开采年限	指矿山已经开采的年限
矿山主要地质环境问题	包括矿山地质灾害、地形地貌破坏、土地资源毁损、含水层破坏、水土环境污染等
监测点分布图	展示矿区地质环境监测点的部署情况
矿山法人代表	指矿山企业的法人代表，无法人代表者填写无
方案编制情况	指矿山地质环境保护与土地复垦方案审查通过的时间
基金账户	指矿山企业在其银行账户中设立的基金账户
基金提取额度	指每个年度矿山企业提取的基金额度，单位：万元
基金计提时间	指每个年度矿山企业计提基金的时间，用年月日表示
监测起始时间	用年月表示

表 B.2　矿山崩塌地质灾害监测表

	数据项	数据项含义
崩塌基本信息	崩塌编号	BT 加顺序号
	崩塌名称	描述崩塌的地名或标志物名称
	崩塌体拐点坐标	指经纬度坐标,用十进制度表示,不少于 4 对坐标
	崩塌规模	分为巨型、大型、中型、小型 4 个级别
	崩塌类型	分为倾倒式崩塌、滑移式崩塌、鼓胀式崩塌、拉裂式崩塌、错断式崩塌 5 种类型
	岩土体类型	分为岩质、碎块石、土质、其他
	崩塌体体积	单位:m^3
	崩塌稳定性	分为稳定、基本稳定、欠稳定、不稳定 4 种情况
	崩塌威胁对象	包括城市、村镇、居民点、学校、矿山、工厂、水库、电站、农田、饮灌渠道、森林、公路、河流、铁路、输电线路、通信设施、国防设施、其他
	崩塌险情等级	分为Ⅰ级、Ⅱ级、Ⅲ级、Ⅳ级
	崩塌防治建议	主要包括群测群防、专业监测、搬迁避让、工程治理、应急排危除险、立警示牌等
	投入崩塌治理资金	单位:万元
监测点信息	监测点编号	BT_J 加顺序号
	监测点经度	用十进制度表示
	监测点纬度	用十进制度表示
	监测点 X 方向位移	单位:cm
	监测点 Y 方向位移	单位:cm
	监测点 Z 方向位移	单位:cm
监测责任栏	监测单位	负责监测的单位全称
	监测时间	取得监测数据的时间,用年月日时表示
	监测人	负责监测的技术人员
	审核人	对监测数据进行审核的技术人员

表 B.3　矿山滑坡地质灾害监测表

	数据项	数据项含义
滑坡基本信息	滑坡编号	HP 加顺序号
	滑坡名称	描述滑坡的地名或标志物名称
	滑坡体拐点坐标	指经纬度坐标，用十进制度表示，不少于 4 对坐标
	滑坡规模	分为巨型、大型、中型、小型 4 个级别
	滑坡类型	分为推移式滑坡、牵引式滑坡、混合式滑坡 3 种类型
	岩土体类型	分为岩质、碎块石、土质、其他
	滑坡体体积	单位：m^3
	滑坡稳定性	分为稳定、基本稳定、欠稳定、不稳定 4 种情况
	滑坡成因	主要包括工程滑坡、自然滑坡 2 种成因
	滑坡威胁对象	包括城市、村镇、居民点、学校、矿山、工厂、水库、电站、农田、饮灌渠道、森林、公路、河流、铁路、输电线路、通信设施、国防设施、其他
	滑坡险情等级	分为Ⅰ级、Ⅱ级、Ⅲ级、Ⅳ级
	滑坡防治建议	主要包括群测群防、专业监测、搬迁避让、工程治理、应急排危除险、立警示牌等
	投入滑坡治理资金	单位：万元
监测点信息	监测点编号	HP_J 加顺序号
	监测点经度	用十进制度表示
	监测点纬度	用十进制度表示
	监测点 X 方向位移	单位：cm
	监测点 Y 方向位移	单位：cm
	监测点 Z 方向位移	单位：cm
监测责任栏	监测单位	负责监测的单位全称
	监测时间	取得监测数据的时间，用年月日时表示
	监测人	负责监测的技术人员
	审核人	对监测数据进行审核的技术人员

表 B.4 矿山泥石流地质灾害监测表

	数据项	数据项含义
泥石流基本信息	泥石流编号	NSL 加顺序号
	泥石流名称	描述泥石流的地名或标志物名称
	泥石流区域拐点坐标	指经纬度坐标，用十进制度表示，不少于 4 对坐标
	泥石流规模	分为巨型、大型、中型、小型 4 个级别
	泥石流类型	分为沟谷型泥石流、山坡型泥石流、标准型泥石流 3 种类型
	泥石流物源	包括崩滑体、人工弃渣、自然堆积体 3 种情况
	泥石流物源方量	指泥石流物源积存量，单位：m^3
	泥石流水动力类型	包括暴雨、冰川、溃决、地下水 4 种类型
	泥石流易发程度	指泥石流隐患的易发程度，包括高易发、中易发、低易发、不易发 4 种情况
	泥石流威胁对象	包括城市、村镇、居民点、学校、矿山、工厂、水库、电站、农田、饮灌渠道、森林、公路、河流、铁路、输电线路、通信设施、国防设施、其他
	泥石流险情等级	分为Ⅰ级、Ⅱ级、Ⅲ级、Ⅳ级
	泥石流防治建议	主要包括群测群防、专业监测、搬迁避让、工程治理、应急排危除险、立警示牌等
	投入泥石流治理资金	单位：万元
监测点信息	监测点编号	NSL_J 加顺序号
	监测点经度	用十进制度表示
	监测点纬度	用十进制度表示
	监测点降雨量	单位：mm/h
	监测点降雨历时	降雨持续时间，单位：min
监测责任栏	监测单位	负责监测的单位全称
	监测时间	取得监测数据的时间，用年月日时表示
	监测人	负责监测的技术人员
	审核人	对监测数据进行审核的技术人员

表 B.5　矿山地面塌陷地质灾害监测表

	数据项	数据项含义
地面塌陷基本信息	地面塌陷编号	DMTX 加顺序号
	地面塌陷名称	描述地面塌陷的地名或标志物名称
	塌陷区域拐点坐标	指经纬度坐标，用十进制度表示，不少于 4 对坐标
	地面塌陷类型	分为采空塌陷、岩溶塌陷 2 种类型
	地面塌陷规模	分为巨型、大型、中型、小型 4 个级别
	塌陷区地貌类型	包括山地、丘陵、平原、河谷、黄土塬（梁、峁）、其他
	塌陷区土地类型	包括耕地、林地、园地、草地、建筑、其他
	塌陷区面积	单位：hm^2
	塌陷变形阶段	分为初始变形阶段、活跃变形阶段、衰退变形阶段和残余变形阶段
	塌陷积水区类型	分为常年积水区和季节性积水区
	塌陷积水区面积	单位：hm^2
	最大积水深度	单位：m
	最大塌陷深度	单位：m
	地面塌陷威胁对象	包括城市、村镇、居民点、学校、矿山、工厂、水库、电站、农田、饮灌渠道、森林、公路、河流、铁路、输电线路、通信设施、国防设施、其他
	地面塌陷灾情等级	分为Ⅰ级、Ⅱ级、Ⅲ级、Ⅳ级
	地面塌陷影响人数	地面塌陷发生后受威胁的人数，单位：人
	地面塌陷直接经济损失	地面塌陷发生后造成的经济损失，单位：万元
	地面塌陷防治建议	主要包括群测群防、专业监测、搬迁避让、工程治理、应急排危除险、立警示牌等
	投入地面塌陷治理资金	单位：万元
监测点信息	监测点编号	DMTX_J 加顺序号
	监测点经度	用十进制度表示
	监测点纬度	用十进制度表示
	监测点 X 方向位移	单位：cm
	监测点 Y 方向位移	单位：cm
	监测点 Z 方向位移	单位：cm
监测责任栏	监测单位	负责监测的单位全称
	监测时间	开始监测的时间，用年月日时表示
	监测人	负责监测的技术人员
	审核人	对监测数据进行审核的技术人员

表 B.6　矿山地裂缝地质灾害监测表

	数据项	数据项含义
地裂缝基本信息	地裂缝编号	DLF 加顺序号
	地裂缝名称	描述地裂缝的地名或标志物名称
	地裂缝坐标对	指表征地裂缝长度和展布方向的坐标串，经纬度用十进制度表示，不少于 2 对坐标
	地裂缝长度	单位：m
	地裂缝错动距离	单位：m
	地裂缝最大宽度	单位：m
	地裂缝最大深度	单位：m
	地裂缝规模	分为巨型、大型、中型、小型 4 个级别
	地裂缝所处地貌单元	包括山地、丘陵、平原、河谷、黄土塬（梁、峁）、其他
	地裂缝影响区面积	指地表开裂影响到的区域面积，单位：hm^2
	地裂缝威胁对象	包括城市、村镇、居民点、学校、矿山、工厂、水库、电站、农田、饮灌渠道、森林、公路、河流、铁路、输电线路、通信设施、国防设施、其他
	地裂缝灾情等级	分为Ⅰ级、Ⅱ级、Ⅲ级、Ⅳ级
	地裂缝影响人数	地裂缝产生后受威胁的人数，单位：人
	地裂缝直接经济损失	地裂缝产生后造成的经济损失，单位：万元
	地裂缝防治建议	主要包括群测群防、专业监测、搬迁避让、工程治理、应急排危除险、立警示牌等
	投入地裂缝治理资金	单位：万元
监测点信息	监测点编号	DLF_J 加顺序号
	监测点经度	用十进制度表示
	监测点纬度	用十进制度表示
	监测点 X 方向位移	单位：cm
	监测点 Y 方向位移	单位：cm
	监测点 Z 方向位移	单位：cm
监测责任栏	监测单位	负责监测的单位全称
	监测时间	开始监测的时间，用年月日时表示
	监测人	负责监测的技术人员
	审核人	对监测数据进行审核的技术人员

表 B.7 矿区地形地貌破坏及土地资源毁损监测表

	数据项	数据项含义
地形地貌与土地资源基本信息	毁损土地编号	TD加顺序号
	土地资源毁损名称	描述发生土地损坏的地名或标志物名称
	土地资源毁损方式	露天采场、工业广场、排土场、尾矿库、煤矸石、地面塌陷、地裂缝、崩塌、滑坡、泥石流、污染土地、其他
	土地资源毁损区域拐点坐标	指经纬度坐标,用十进制度表示,不少于4对坐标
	毁损土地类型	耕地、林地、草地、园地、建设用地、其他
	土地资源毁损面积	累积毁损土地资源的面积,单位:hm^2
	地形地貌破坏模式	分为山体破损、岩石裸露、植被破坏、风景线破坏、人文景观受损、其他(可多选)
	矿山综合治理面积	地形地貌修复与土地整治总面积,不能重复计算,单位:hm^2
监测责任栏	监测单位	负责监测的单位全称
	监测时间	开始监测的时间,用年月日时表示
	监测人	负责监测的技术人员
	审核人	对监测数据进行审核的技术人员

表 B.8　矿区含水层破坏监测表

	数据项	数据项含义
含水层基本信息	含水层编号	HSC 加顺序号
	含水层名称	描述矿区破坏含水层的地名或标志物名称
	含水层类型	包括孔隙含水层、裂隙含水层、岩溶含水层
	含水层水力性质	包括承压水、非承压水
	含水层岩性	指含水岩组的岩性
	含水层厚度	指含水岩组的厚度，单位：m
	含水层顶板埋深	单位：m
	含水层底板埋深	单位：m
	采矿前含水层水位埋深	含水层顶板埋藏深度，单位：m
	采矿前地下水水质类型	包括Ⅰ类、Ⅱ类、Ⅲ类、Ⅳ类、Ⅴ类水质
	含水层富水性	分为 4 级：弱富水性，$q \leqslant 0.1$ L/(s·m)；中等富水性，0.1 L/(s·m)$<q\leqslant$1.0 L/(s·m)；强富水性，1.0 L/(s·m)$<q\leqslant$5.0 L/(s·m)；极强富水性，$q>5.0$ L/(s·m)
	矿坑排水量	单位：万 t/a
	矿坑充水途径	包括断裂构造、岩溶塌陷、底板突破、顶板破坏、采空裂缝、其他
	采矿对含水层的破坏方式	包括结构破坏、水位下降、含水层疏干、水质污染等
	地下水补给来源	包括大气降水、地表水补给等
	地下水水位降落漏斗面积	指地下水水位下降区面积，单位：km^2
监测点信息	监测点编号	HSC_J 加顺序号
	监测点经度	用十进制度表示
	监测点纬度	用十进制度表示
	监测点高程	指监测井口高程
	监测点地下水温	单位：℃
	监测点地下水水位埋深	单位：m
	监测点地下水水质类型	包括Ⅰ类、Ⅱ类、Ⅲ类、Ⅳ类、Ⅴ类水质
	监测点污染物类型	按检出的污染物种类填写，检测项目参见附录 C
	监测点污染物含量	单位：mg/L，浓度较低时，可用 μg/L 表示
	主要污染源	包括矿坑水、选矿废水、冶炼废水、尾矿浆、废渣淋滤水、生活废水、其他（可多选）
监测责任栏	监测单位	负责监测的单位全称
	监测时间	开始监测时间，用年月日时表示
	监测人	负责监测的技术人员
	审核人	对监测数据进行审核的技术人员

表 B.9 矿区地表水污染监测表

	数据项	数据项含义
地表水基本信息	地表水体编号	DBS 加顺序号
	地表水体名称	描述矿区地表水体所在地名或标志物名称
	地表水体种类	包括河流、湖泊、水库、池塘、其他
	采矿影响的地表水体拐点坐标	指经纬度坐标，用十进制度表示，不少于 4 对坐标
	采矿影响的地表水体面积	单位：hm^2
	采矿前地表水水质类型	包括Ⅰ类、Ⅱ类、Ⅲ类、Ⅳ类、Ⅴ类水质
监测点信息	监测点编号	DBS_J 加顺序号
	监测点经度	用十进制度表示
	监测点纬度	用十进制度表示
	监测点水质类型	包括Ⅰ类、Ⅱ类、Ⅲ类、Ⅳ类、Ⅴ类水质
	监测点污染物类型	按检出的污染物种类填写，检测项目参见附录 C
	监测点污染物含量	单位：mg/L，浓度较低时，可用 μg/L 表示
	主要污染源	包括矿坑水、选矿废水、冶炼废水、尾矿浆、废渣淋滤水、生活废水、其他（可多选）
监测责任栏	监测单位	负责监测的单位全称
	监测时间	开始监测时间，用年月日时表示
	监测人	负责监测的技术人员
	审核人	对监测数据进行审核的技术人员

表 B.10　矿区土壤污染监测表

	数据项	数据项含义
土壤基本信息	土壤污染区编号	TR 加顺序号
	土壤污染区名称	描述矿区土壤污染所在地名或标志物名称
	土壤质地	包括砂质土、黏质土、壤土、其他
	母岩中化学元素类型	指土壤母岩中特征元素类型
	采矿前土壤环境质量等级	包括Ⅰ级、Ⅱ级、Ⅲ级
	土壤污染区拐点坐标	指经纬度坐标，用十进制度表示，不少于 4 对坐标
	土壤污染区面积	单位：hm^2
	主要污染源	包括矿坑水、选矿废水、冶炼废水、尾矿浆、废渣淋滤水、生活废水、其他（可多选）
监测点信息	监测点编号	TR_J 加顺序号
	监测点经度	用十进制度表示
	监测点纬度	用十进制度表示
	监测点污染物类型	按检出的污染物种类填写，检测项目参见附录 C
	监测点污染物含量	单位：mg/L，浓度较低时，可用 μg/L 表示
	监测点土壤环境质量等级	包括Ⅰ级、Ⅱ级、Ⅲ级
监测责任栏	监测单位	负责监测的单位全称
	监测时间	开始监测时间，用年月日时表示
	监测人	负责监测的技术人员
	审核人	对监测数据进行审核的技术人员

附　录　C
（资料性附录）
不同类型矿山水土污染测试参考指标

表 C.1　不同类型矿山水土污染测试参考指标表

主要矿类	主要矿种	水样测试参考指标	土样测试参考指标
能源矿产	煤	pH 值、Cd、Hg、As、Pb、Cr、Cr^{6+}、Zn、Fe、Mn、F、S	pH 值、Cd、Hg、As、Pb、Cr、Zn、Fe、Mn、F
	铀	pH 值、Cd、Hg、As、Cu、Pb、Cr、Cr^{6+}、Zn、Ni、S	pH 值、Cd、Hg、As、Cu、Pb、Cr、Zn、Ni
黑色金属矿产	铁矿、锰矿	pH 值、Cd、Hg、As、Cu、Pb、Cr、Cr^{6+}、Zn、Ni、Mn、S、P	pH 值、Cd、Hg、As、Cu、Pb、Cr、Zn、Ni、Mn、P
	钒矿	pH 值、Cd、Hg、As、Cu、Pb、Cr、Cr^{6+}、Zn、Ni、Mn、S、P、V	pH 值、Cd、Hg、As、Cu、Pb、Cr、Zn、Ni、Mn、P、V
有色金属矿产	锌矿、铅矿、铜矿、钨矿、锡矿、铝土矿、汞矿、镍矿、钼矿	pH 值、Cd、Hg、As、Cu、Pb、Cr、Cr^{6+}、Zn、Ni、S	pH 值、Cd、Hg、As、Cu、Pb、Cr、Zn、Ni
	锑矿	pH 值、Cd、Hg、As、Cu、Pb、Cr、Cr^{6+}、Zn、Ni、S、Sb	pH 值、Cd、Hg、As、Cu、Pb、Cr、Zn、Ni、Sb
贵金属矿产	金矿、银矿	pH 值、Cd、Hg、As、Cu、Pb、Cr、Cr^{6+}、Zn、Ni、S	pH 值、Cd、Hg、As、Cu、Pb、Cr、Zn、Ni
稀有稀土金属矿产	铌钽矿、轻稀土矿	pH 值、Cd、Hg、As、Cu、Pb、Cr、Cr^{6+}、Zn、Ni、S、NH_3-N	pH 值、Cd、Hg、As、Cu、Pb、Cr、Zn、Ni
化工原料非金属矿产	硫铁矿、磷矿（主矿、共生矿）	pH 值、Cd、Hg、As、Cu、Pb、Cr、Cr^{6+}、Zn、Ni、Mn、S、P	pH 值、Cd、Hg、As、Cu、Pb、Cr、Zn、Ni、Mn、P
	砷矿	pH 值、Cd、Hg、As、Cu、Pb、Cr、Cr^{6+}、Zn、Ni、S	pH 值、Cd、Hg、As、Cu、Pb、Cr、Zn、Ni